Made in the USA
Monee, IL
09 December 2021

84507289R00068